国内外新型科研机构
保密管理工作分析研究

曲 丹 解玮玮 宋海涛 编著

中国海洋大学出版社
·青岛·

图书在版编目（ＣＩＰ）数据

国内外新型科研机构保密管理工作分析研究/曲丹,解玮玮,宋海涛编著. -- 青岛：中国海洋大学出版社，2020.12

ISBN 978-7-5670-2636-0

Ⅰ.①国… Ⅱ.①曲… ②解… ③宋… Ⅲ.①科学研究组织机构—工作—保密—研究 Ⅳ.①G311

中国版本图书馆CIP数据核字(2020)第220912号

出版发行	中国海洋大学出版社
社　　址	青岛市香港东路23号　邮政编码　266071
出 版 人	杨立敏
网　　址	http://pub.ouc.edu.cn
订购电话	0532-82032573（传真）
责任编辑	张　华
照　　排	青岛光合时代文化传媒有限公司
印　　制	青岛国彩印刷股份有限公司
版　　次	2020年12月第1版
印　　次	2020年12月第1次印刷
成品尺寸	148mm×210mm
印　　张	2
印　　数	1~1000
字　　数	38千
定　　价	38.00元

发现印装质量问题，请致电0532-58700168，由印刷厂负责调换。

前　言

国内外新型科研机构，特别是以国家实验室为代表的新型科研机构是国家科学技术研究的战略科技力量。面对当前世界各国在科技领域日趋激烈的竞争态势和科技情报窃密频发的严峻形势，新型科研机构既肩负着把我国建设成为世界科技强国的光荣使命，也肩负着保护科技领域国家秘密安全的重要责任。

为全面科学地分析总结国家实验室等新型科研机构保密管理指导思想和工作模式、工作方法、标准规范上应把握的问题，以及其他必须建立和完善的方面，进一步探索总结出符合其保密工作特点的管理体制和工作机制，海洋试点国家实验室通过举办国内知名专家、院士论坛，课题研讨会和小型座谈会，赴国内多家科研院所、高校、军工单位进行实地调研考察，利用文献分析、案例分析等方法，总结形成了本书，供大家阅读参考。

本书从不同方面对国内外新型科研机构开展保密工作的成功经验、面临的困难挑战进行了研究分析，不仅对数量众多的新型科研机构开展保密工作具有普遍的参考价值，而且对未来一批国家实验室等新型科研机构的建立和保密工作的开展也具有重要的借鉴意义。

国内外新型科研机构数目众多且研究方向和领域不同，专业性较强，因此对其保密工作进行专门研究的著作并不多，书中若有不足之处，敬请批评指正。

海洋试点国家实验室

2019年9月

目录 CONTENTS

第一章
保密领域专家建言汇总 / 001

第二章
重点单位调研情况 / 011

第三章
国家实验室保密工作特点（以海洋试点国家实验室为例）/ 027

第四章
普适性调研情况总结 / 037

后记 / 055

第一章
保密领域专家建言汇总

Chapter 1

第一章 保密领域专家建言汇总

科研保密工作对维护国家安全、保护和发展先进生产力、增强和提升国家核心竞争力至关重要。鉴于此，编者组织了保密工作专题研讨会、专题咨询会、座谈交流会等十几次会议，以海洋试点国家实验室为例进行重点研究剖析，围绕如何在"开放、流动、合作、共享"的原则下，建立具有针对性、实用性、可操作性的保密管理体系和运行机制进行研讨交流，先后邀请了国内保密战线知名专家、学者，部分科研机构、高校保密工作负责同志和省市保密行政主管部门有关负责同志共130多人参加，举办了专题报告9场，收集专家建言50多条。

一、新型科研机构保密工作面临的新形势、新情况

世界主要国家都在寻找科研创新突破口,海洋因其在资源、环境、空间等方面均具有重要战略地位,已逐渐成为各国抢占未来发展战略制高点的主要领域之一。加快建设以国家实验室等新型科研机构为引领的创新基础平台,关系到我国科技发展速度、水平和在国际上的生存能力,紧跟其发展做好保密管理,更关系到国家安全和发展利益。

专家指出,目前我国新型科研保密工作形势不容乐观。以国家实验室为例,因其体制、机制的独特性与创新性,其保密工作又面临着全新的挑战。

第一,现行传统的保密体制不能够充分适应国家实验室新型管理架构需求。我国现行保密管理体制实行党管保密的原则,各级党委保密委员会办公室和各级保密行政管理部门是一个机构、两块牌子。不同于党政机关保密工作,国家实验室党组织负责人与理事长一般由同一人担任,同时理事会由部委、地方政府、高校、科研院所和企业等代表组成,现有保密制度的"一刀切"管理模式,没有给国家实验室提供可操作性的制度安排。

以海洋试点国家实验室为例,作为首个试点运行的国家实验室,由国家部委、山东省、青岛市共同建设,实行理事会决策、学术委员会指导、主任委员会负责的"三会"管理架构,同时构建了"大平台、小法人"运行模式,并设立党

委。传统的保密组织架构虽能满足基础的保密管理需要，但是契合度低，难以支撑国家实验室未来发展需要。

第二，"动态调整、按需设岗"的人员分类管理模式下，难以做好科研人员管理这个保密关键环节。专家指出，要在国内新型科研机构现有模式基础上大胆探索创新，建设具有国际重要影响力的国家实验室，成为若干领域全球科技创新的"领跑者"，做好科研人员保密管理将是"头等大事"。目前，国际学术交流日益密切，对外交流中的科研泄密风险隐患随之增加。以海洋试点国家实验室为例，面向全球"不唯身份、不唯资历、不唯职称"招聘科研人员，采用双聘制和流动制的聘用管理方式，若仍按照传统的保密管理模式，必将导致科研人员的保密管理难有抓手、难以落实。

"国家实验室围绕国家使命，依靠跨学科、大协作开展协同创新，科研人员是稳定与流动相结合的，他们的保密教育、保密责任、监督管理该如何落实，这都会是新形势下保密工作急需解决的难题。"专家强调。

第三，保密防护技术手段与国际先进水平仍有差距，难以保障国家实验室在"开放、共享"原则下科学技术的秘密安全。通过非法手段窃取或通过搜集公开的科研情报获得别国先进科学技术，已成为最省钱、省时、省力又"见效"快的办法。专家谈到，我国信息安全防护产品自主可控水平较低，国产软硬件比例不到20%，"舶来之品"难以保障网络安全防护体系的根基；各安全防护系统间缺乏统一的数据交换标准和接口，防护、检测、响应与恢复系统之间缺乏高效联动机制，难以实现一体化安全态势的实时感知和应急响应。国家实验室实行科研资源开放与共享制度，在积极融入国际科技创新大环境的同时，我国保密防护技术能否应对随之而来的未知窃密威胁与失泄密风险，将是对我国新形势保密工作的一大考验。

二、完善保密管理体制机制、提升科技水平，保障新型科研机构发展需求

专家认为，在科研信息化、科研国际交流日益密切、科研机构体制机制创新的新形势下，国家实验室等新型科研机构的开放性、共享性、创新性、引领性、示范性等特点给保密工作带来了新的挑战，亟须根据其自身的特点及实际完善科研保密制度，为我国提升科技竞争力提供保障。

一是平衡开放与保密的矛盾关系，解决"高度开放"的战略要求带来的科研交流保密难的现实难题。国家实验室等新型科研机构作为汇聚全球优秀人才集中科研攻关的体系，对科技资源实行高度开放与合作共享制度。如何在使科研人员享有充分的科研学术自由的同时，确保国家秘密安全，专家们一直认为，首要问题是解决科研评价与保密体制机制的矛盾，在科研评价体系上不能"论文一刀切"，对一些涉及国家重大利益、需要保密的科研项目，要建立相应的评价体

系和制度规范。在过渡阶段，可对一些不能发表论文的科研成果给予经济补偿，同时在科研评价过程中，对承担涉密项目的科学家适当放宽条件。

二是因事制宜，做好科研定密工作，解决"高度敏感"的科研数据带来的规范精准定密难的问题。科研定密牵涉各行各业，政策性和技术性强，尤其是国家实验室等新型科研机构聚焦重点领域及前沿科学，对涉及多领域、多学科的海量高度敏感数据进行精准定密变得十分困难。因此，科研项目密级的确定需要在充分掌握国内外有关科技情报的基础上，通过对该科研项目的价值、性质、作用、技术水平和一旦泄露可能造成的危害等各种因素进行全面分析综合后予以确定，而不能按照传统的方式来定密。专家认为，科研项目的定密、保密和解密，应由业内专家和军事、反恐、公安等专业领域专家共同进行，因此建议成立跨系统、跨领域的专家咨询机构。在这一方面，海洋试点国家实验室大胆创新，组建了海洋领域定密专家咨询委员会，涵盖了海洋药物、海洋生物、海洋动力、海洋地质、海洋渔业等海洋重点科研领域内的30余位专家、学者，为海洋领域定密工作开启新模式。

三是探索建立与新型科研机构特点相配套的保密制度，解决"高度融合"的科研单元带来的协同开展保密难的问题。以海洋试点国家实验室为例，它整合优化了全国多家涉海单位，采用"小核心、大协作、开放式、网络化"的协同创新和集成创新模式，跨学科、多领域组织开展基础研究与前沿技术研究。专家建议，要在多方协同开展涉密科研任务时，构建"横向到边、纵向到底"的保密管理体系，并尽快建立健全与国家实验室相配套的保密制度体系，使各理事单位、参与单位的保密工作与其科研任务要求和需求"高度融合"，确保重大领域科研秘密安全。

四是提升科研保密技术，解决"高度分散"的研究中心带来的数据传输保密难的问题。未来，国家实验室等新型科研机构将根据实际科研需要，按照"核心+网络"模式，在全国范围内及海外建立分中心，各分中心之间科研数据的传输安全离不开网络信息安全技术的支撑。随着科技手段的不断进步，境外情报机构和人员的窃密技术也有了突飞猛进的发展，除使用原始方法窃取情报外，还大量运用光、电、声、波等方法，尤其是利用计算机和网络窃密。为此，我国要不断开发研究先进的保密技术以抗衡窃密技术，确保安全高地更加安全。专家建议，可以利用可信计算技术为可控网络构建支撑环境，利用大数据分析技术进行网络行为检测与控制，利用人工智能实现可控网络系统精确安全控制，利用拟态防御（一种主动防御行为）系统全面防御未知威胁，从而把我国的保密安全技术提高到一个更高的水平。

三、完善新型科研机构保密管理体系迫在眉睫，需先行探索、分类指导

专家建议要从制度建设、技术防护两大方面"软硬"结合，做好新形势下的国家实验室科研保密工作。专家呼吁，要加强对科研人员的保密教育工作，提升其保密意识。"科研工作事关国家安全和核心竞争力提升，要培养一支对党、国家和人民绝对忠诚的科研队伍，增强他们的爱国情怀。"专家强调，"科学无国界，但是科学家有祖国。"

青岛是国家海洋科研战略布局的重点城市，聚集了全国超过半数的海洋科研机构、人才和设备。2013年12月18日，海洋试点国家实验室正式获批作为深化科技体制改革的试点，先行先试。自2015年正式启动运行以来，主动契合"创新驱动发展""建设海洋强国"等国家战略需求，在开展战略性、前瞻性、基础性、系统性、集成性科技创新的同时，加强保密组织体系、制度体系、工作体系、监管体系、自查自评体系、风险管控体系等方面的创新突破，确保国家重要安全领域技术领先、安全、自主、可控，目前已初见成效，亟须上级主管部门加大重视程度，并加强分类指导。

专家一致认为，重视和加强国内新型科研机构，特别是国家实验室保密工作研究，对于创新保密工作机制以及"十三五"期间一批国家实验室的组建和运行，有着重要的引领示范作用；对于未来国家重大创新领域、重大科技项目

保密工作的开展，丰富我国保密工作的理论和实践，具有长远战略意义。国家各有关部门、各级主管部门要加大力度支持，共同实现建设"世界科技强国"的宏伟目标。

第二章
重点单位调研情况

Chapter 2

第二章 重点单位调研情况

结合专家建言，编者在全国范围内，选取有代表性的，特别是具有国家先进科研水平的涉密科研机构，按照其所在保密重点区域，分为北方、南方及东部地区；按照单位性质，分为科研院所、高校、军工企业等几类，围绕建立国家实验室等新型科研机构保密管理工作规范化和标准化体系，广泛开展调研活动，全面了解当前科研院所、高校、军工企业的保密工作现状，从而进一步分析和梳理国家实验室等新型科研机构开展保密工作应关注的科技定密、借调聘用人员管理、项目管理等保密管理重点和难点问题，推动保密组织体系、制度体系、工作体系、监管体系、自查自评体系、风险管理体系等方面的创新突破。

一、"五个坚持",做好保密工作基石

本章总结了各单位保密工作的有效做法和成功经验,做好保密工作的基础最主要是要抓好保密责任制落实、健全保密制度体系、强化涉密人员管理、强化保密监督检查、加强教育宣传五个重要方面。

(一)坚持强化组织领导,狠抓责任落实

党管保密是保密工作的根本原则,建立健全组织领导机构是做好保密工作的重要前提。调研发现,各单位均建立了强有力的保密组织领导机构,单位主要负责人为保密工作第一责任人,根据实际工作需要设立保密总监,成立专门的保密管理部门。以西北某高校为例,党委书记全面领导学校保密工作,校长全面负责学校的保密行政管理工作,分管校领导负责具体领导保密工作,其他分管校领导和各部门领导结合业务做好保密提醒和指导工作,形成了全覆盖的保密领导体系。

在建立强有力组织领导的基础上,各单位以责任制落实为抓手,贯彻落实"业务工作谁主管、保密工作谁负责"的工作原则,逐步形成保密领导机构领导带头、以上率下,保密部门总体牵头、监督指导,业务部门履职尽责、齐抓共管的保密工作局面。以某军工企业为例,按照组织领导层级,建立配套的责任体系,逐级签订保密责任书,狠抓责任落实,年终跟踪考核。同时推进业务部门与职能部门保密工作

职责的界定与落实，要求相关职能部门全面负责业务范围内的保密管理工作，促进保密与业务相融合。另几家单位则将保密工作纳入年度工作报告，制订保密工作计划，强化领导责任、主体责任和监管责任。制定责任清单、目标清单和任务清单，明确每个领导的责任、目标以及预期完成的任务。

（二）坚持强化保密制度建设，构建长效机制

建立行之有效的保密制度体系是做好保密工作的基本保障。通过严格准确的保密要求、具体清晰的保密措施、行之有效的操作流程，不仅可以提高保密工作人员的保密意识和责任意识，同时可以切实解决保密纪律松弛的突出问题，形成保密工作长效机制，防止失泄密事件的发生。

坚持强化保密制度体系建设，要着眼于新形势下保密工作的新特点、新任务、新挑战，着眼于国家保密工作行政许可制改革的新变化、新举措、新要求，突出重点，在内容上做到保密工作与业务工作相融合、相衔接；在形式上要表单化、流程化，流程上做到标准明、程序清、可操作、有实效。以南方某军工企业为例，其保密制度体系涵盖了保密机构、保密责任、人员管理、载体管理等15个方面共计百余个制度，紧扣标准要求，全面规范了各类涉密事项、涉密活动和涉密人员的管理。上海某研究所保密制度建设积极倡导标准化、手册化、流程化、表格化，将管理模式、实操经验固化到标准流程中，坚持做到管理制度化、制度流程化、流程信息化。

(三)坚持强化涉密人员管理,抓住工作核心

做好保密工作关键在人,涉密人员管理是保密管理体系的重点和核心。从一定意义上说,人是国家秘密安全与否最为关键的因素。《中华人民共和国保守国家秘密法》(以下简称为《保密法》)明确了涉密人员的定义,并规定了涉密人员岗前、在岗、离岗等工作全周期的保密要求。此外,做好涉密人员管理工作还应当包括对涉密人员的教育培训、监督考核、权益保障、证件管理、出国境管理、离岗离职管理。按照"以项定岗、以岗定人、分类确定及先审后用"的原则确定涉密人员,对涉密人员的社会关系、涉外经历、思想动态等进行全面调查,详细了解涉密人员社会关系网络,评估涉密安全等级。

南方沿海市某研究所在涉密人员管理方面,深化人员风险管理,突出把住员工管理"五道关"。严格把控涉密人员上岗资格关(对涉密人员上岗前进行资格审查,对有境外背景的人员需上报审批),在岗技能关(对定密责任人和人员实行持证上岗,对涉密人员进行培训),离岗清退关(保密管理系统与人力资源管理系统相互关联,只有涉密信息清退后才能批准离岗),涉外安全关(出国审批、护照集中管理、出国前教育、签订承诺书、违规处罚等),全职履职关(签订保密责任书、年度绩效考核),提升涉密人员全过程保密管理质量。

部分科研院所对涉密人员施行动态分级管理,按相关规定要求根据涉密人员等级每3~5年进行复审,由人员管理

系统自动推送复审通知。人员离岗时,按照程序进行离岗审批、脱密期管理、定期回访。对于有明确去向单位的人员,脱密期内的管理交由新单位管理;对于没有明确去向的人员,相关涉密人员档案交由地级市机要保密局管理,并由地级市机要保密局协助该单位做好人员脱密期的管理工作。

(四)坚持强化监督检查,自查自评自纠

实施监督检查,是确保制度有效贯彻、推动工作有效完成的必然举措和重要手段。做好保密监督检查工作,要坚持以查促管,推动相关工作落实;要坚持以查促教,推动员工保密意识提升;要坚持以查促改,找短板、找漏洞,推动保密工作不断完善。

高校这种人员聚集、流动性大、科研项目多的单位,其保密监督检查工作尤为重要。南方某大学每年开展两次校内涉密单位保密大检查,两次"回头看"督促整改复查。同时抽调网络中心人员组建学校保密技术专家组,每年出动专家50余人次,检查计算机5000余台,涉密场所100多个。通过严格的保密检查形成高压态势,紧绷保密工作的"弦"。此外,该校安装了学校网站保密检查系统,指派专人每日开展网络关键词搜索检查,对敏感和不适合上传的文件督促删帖,确保网站文件发布保密安全。

做好涉密科研项目、对外科技交流、涉密会议活动等工作的保密监督检查尤为重要。以南方某研究所为例,在召开重大涉密会议时,保密处会提前检查会场,会议期间开启干扰仪。若有外事活动（外籍人员进入单位）时，保密处均派员提前审定保密方案、检查行走路线和会议现场，活动期间全程陪同，结束后留痕检查。

保密管理工作要做到严在经常、抓在日常。狠抓日常保密检查工作，一要做好涉密人员和部门的每月自查工作，二要监督保密检查问题的整改落实。通过自查、互查、普查、巡查、督查、抽查等形式，做到不漏"一人、一机、一盘、一网"，起到以查促防、以查促管、以查促教的作用。在这一方面，北方某研究所在工作期间、下班后及节假日前，会成立"飞行检查组"，进行突击检查，清除泄密隐患。"飞行检查组"不仅由所领导、保密处和信息中心人员参加，同时还会抽调部门的优秀保密员或涉密人员参加，在强化检查力度的同时，促进了部门间保密工作的交流。检查采取多级检查相结合、技术检查与管理制度检查相结合的方式，根据检查中发现的具体问题提出解决方案，并对泄密事件按照规章制度进行处罚。

（五）坚持强化思想教育，夯实工作基石

做好保密管理工作，要坚持教育先行。通过扎实有效的保密教育培训，统一保密思想，提升保密认识，树立保密意识，掌握保密常识，夯实保密基础。

某研究所通过保密制度系列讲座、保密情况通报、微电影、保密展板宣传、专家讲课等方式强化涉密人员"两识"教育，提升涉密人员的保密知识和保密意识，营造保密文化氛围。南方某军工企业在保密教育培训方面，设立了多种符合实际又易懂有效的保密课程，定期进行保密知识竞赛；要求每位新进职工必须通过12课时的脱产保密专题教育，通过保密知识考试后方可上岗；组织本单位涉密人员到国家安全保密教育基地等地进行现场教学，确保每位员工进入涉密岗位前均具备必要的保密知识和保密素质。另有其他单位注重保密文化氛围的营造，树立保密观念，提高保密意识。利用"4.15国家安全全民教育日"等作为契机，组织举办保密文化宣传展览、观看保密主题教育电影和有奖竞答等活动。

三、"四大创新"，推进保密工作再升级

在做好保密管理基础工作的同时，要充分适应不断变化的国内外形势以及高速发展的信息技术，在准确把握依法管理国家秘密基本规律的基础上，创新保密管理模式，推进保密工作不断升级。通过调研，本章总结梳理了以下几种优秀创新做法。

（一）创新科学定密模式，找准"密点"，动态管理

定密是保密管理的前提和基础性工作。要做好定密工作，首先要明确定密权限，依据定密权限、定密范围、职务岗位授予不同定密权限。以某科研院所为例，所长为法定定密责任人，根据业务、岗位的不同，指定部分业务部门负责人为指定定密责任人。指定定密责任人根据授权，对全所综合及

科研类、体系外项目、体系内项目的保密事项进行确定、变更和解除，并对业务范围内的定密工作负法律责任。和该所不同，另一军工企业在积极推行定密责任人分级授权管理的基础上，成立了定密工作小组，设立了定密工作办公室（设立在科技管理部门），负责定密工作的指导、监督、检查。

在我国各领域的定密工作中，科技定密因科学研究的特殊性，其工作难点尤其突出。以海洋领域科研定密为例，海洋科研往往涉及生物、医药、气候、地质等多个领域，覆盖范围广、学科交叉内容复杂，因此往往容易出现"乱定密""多定密"等现象。此外，不同于党政机关工作的定密规律，随着科学技术的不断更新，科技成果不断涌现，很难简单地参照法律法规"对号入座"。因此，科技定密工作要逐步由传统的"载体化"定密模式向精准的"密点化"模式转变，分析出关键的保密要素、涉密事项，通过构建"密点"框架，进而筛选出各类科学技术事项的密点，确定国家秘密事项一览表，从而做到快速、精准定密。

南方某涉海研究所的定密工作以"密点"为中心确定定密细目，对所有承接的项目予以定密，在典型项目上制定标准化细目，由定密工作小组确定密点范围，各领域定密责任人针对各自分管项目制定细目。西南某研究所正在开展密点标注试点工作，根据科研实际，调整制定国家秘密事项一览表，从项目管理的角度出发，按照行业内保密事项范围要求，根据涉密项目中的涉密要点进行梳理、调整，经过十多年的科学研究积累与发展，形成了1200余条的国家秘密事项一览表，为做好精准定密提供了保障。

南方沿海城市某研究所的定密工作主要是注重"两个源头"，其一是定密责任源头，要求各个定密责任人持证上岗，并根据工作实际，动态更新调整定密责任人；其二是密级源头即项目密级，项目立项之时同步确定项目密级，每半年发布新增涉密项目清单，从而有效解决"乱定密、瞎定密、不定密"现象。在此基础上，完善定密"制度与流程"，守住涉密信息对外"出口"。一是在业务制度和流程中，依据涉密科研项目保密管理要求和科研工作流程，分别制定型号、预研和技改专项保密管理制度，同时在项目管理、技术文件、OA公文和其他涉密活动的业务流程中嵌入了定密流程，细化定密细目。二是在信息出口环节，在公文拟制、网络传递、打印、邮件传递、宣传报道等活动中，设置了定密责任人进行密级界定审核环节，有效控制涉密信息的"出口"，从而通过对定密操作层的管控，有效提升"守密"能力。

（二）创新涉密科研项目管理模式，全周期做好保密管理工作

涉密科研项目的保密管理，要充分适应一般科学研究规律。科研保密管理不能再局限于"抓成果""抓转化"等单一"出口"，而是贯穿于科技发展规划、计划制订实施、科研项目预研、实施及转化应用的各个环节，科学技术保密重心逐步由成果管理向全程监管转变。

南方某大学在涉密科研项目管理模式上大胆创新。学校保密办每月与关键学院对接,发现新增的涉密项目后,上门实施国防科研进驻管理,确保项目负责人尽快到达"三有两纳入";涉密课题研究期间,保密办定期开展保密教育培训、保密业务指导、涉密计算机维护、保密检查和涉密载体的销毁、交寄等各项管理和服务;课题结题后,确定无后续涉密项目,保密办收回涉密计算机硬盘、涉密U盘和纸质文件资料,办理涉密人员脱密手续,签订相关协议书,完成保密管理周期。

南方某军工企业的大部分涉密项目需赴外地进行外场试验。在涉密项目外场试验工作现场,确定外场试验任务牵头单位,成立保密工作小组,配备专职保密工作人员负责外场试验任务过程中的保密管理工作,包括载体管理、信息输入输出、人员管理等。由牵头单位针对每次任务制定保密工作方案及预案,外场试验均使用专门的计算机。在密品、移动硬盘、涉密设备等关键物品运送过程中,由其负责人负责保密管理,根据实际情况选择陆运或空运。

(三)创新奖惩措施,高额补贴、严处严罚,提高涉密人员能动性

《保密法》第八条规定,国家对在保守、保护国家秘密以及改进保密技术、措施等方面成绩显著的单位或者个人给予奖励。依法建立实施保密奖惩制度,可以增强涉密人员的保密意识,推动保密制度落实和技术改进,提高涉密人员主观能动性，逐步从"让我保密"转变为"我要保密"。通过调研发现，我国现有法律法规虽未对奖惩力度做出明确规定，但是各单位均参考行业内"默认标准"发放保密补贴，即一般涉密人员200元/月，重要涉密人员400元/月，核心涉密人员800元/月。但是仍有极少数涉密人员立场不坚定，面对敌对势力高额利益诱惑而出卖国家秘密。对比现如今的消费水平，"默认标准"的保密补贴显然不能有效地提高涉密人员能动性。据此，某研究所制定并细化了《保密管理处罚标准》，每年度对先进部门及个人进行高额奖励，对违反保密规定的行为进行严厉处罚，在KPI绩效考核指标库中设立保密工作约束项，并将保密奖惩纳入党员干部诚信积分体系。

西南某研究院则对保密工作奖罚采取高额补贴、严厉处罚的措施。根据涉密等级不同，向涉密人员及时、足额地发放保密补贴，标准均在每月千元以上，并且定期评选保密工作先进集体、先进个人，给予不同程度的奖励，以此充分调动员工做好保密工作的积极性。与"高额奖励"相对应，针对各类保密检查发现的问题严格追责，制定明确的可执行的"高额惩罚"措施。一旦发生泄密事件，按照措施对泄密人员进行经济处罚。一人泄密，主管领导及所在单位均负连带责任，并处以相应处罚。处罚最低执行标准为扣发泄密人员12个月保密补贴，该年度考核测评中扣除相应分数，核减年终奖金及补贴；泄密人员所在单位缴纳10倍罚款；单位保密责任人核减年度保密补贴及奖金。通过具体的奖惩措施充分发挥"奖出积极性、罚出敬畏心"的引导作用,提高个人保密意识和领导责任意识。

高额的保密补贴一方面可体现保密权利和义务的对等,另一方面也可以鼓励涉密人员做好保密工作。严厉的经济处罚措施使泄密单位和个人面临巨大的代价,应充分发挥处罚措施的警醒和惩戒作用。

(四)创新保密管理技术手段,提升保密效能

随着信息技术的发展,涉密工作的信息化建设是大势所趋。在创新管理模式的基础上,更要大力创新发展保密技术,加快推进保密管理转型,提升保密效能。通过调研发现,各保密工作成绩突出单位均结合各自工作特点,运用技术化手段,创新保密管理模式。

以某军工院所为例,该所以保密法律法规为依据,以业务流程管理为主线,紧密围绕本所的涉密事项、涉密人员和信息系统与设备,对各业务环节进行数据和行为监控,构建了涵盖台账管理、保密审批流程监控、保密检查与监督、信息实时查询统计等功能的精益综合保密管理平台,提供了保密责任、归口管理、组织机构、保密制度、保密管理、监督与保障等全过程管控和档案自动收集,实现了保密日常检查常态化。此外,基于先进信息化体系架构,自主研发了安全打印系统、自助刻录系统、自助扫描系统、无纸化传真系统、互联网数据分发系统等,并于综合保密管理平台深度集成,实现了输入输出所有途径全覆盖和自主可控,有效控制了涉密信息知悉范围,为输入输出合规性自动检查创造了条件,并在全所部署和应用,可提供给1100个内网用户使用。同时,通过保密流程电子化不断积累保密业务大数据,在采集的保密业务数据基础上,按照保密资格标准细项以及保密工作实际情况进行精细化的数据分类和初步统计,建立了保密业务数据库,通过分析业务变化趋势,得出有可能存在的保密隐患,将保密管理关口前移,转变保密管理工作的方向和重心,主动消除可能发生的各类泄密隐患,确保国家秘密的安全。

与该所相似,西南某研究院建立统一保密信息化平台,包含打印安全监控与审计系统、数据单出入口、便携式计算机监控审计软件、在线保密培训考试系统、互联网实名认证系统、保密在线安全检查系统、保密管理平台等,实行分级管理,所有保密业务流程均在线上进行审批、登记,以信息化手段,固化管理经验,提升精细化管理水平,做到保密管理工作"全周期监管、无死角防范"。

第三章
国家实验室保密工作特点
（以海洋试点国家实验室为例）

Chapter 3

第三章 国家实验室保密工作特点（以海洋试点国家实验室为例）

国内新型科研机构，特别是国家实验室，是体现国家意志、实现国家使命、代表国家水平的战略科技力量，是国家创新体系的核心和"龙头"。海洋试点国家实验室作为首个试点运行的国家实验室，其"开放、流动、合作、共享"的运行原则为保密管理工作的体系化、标准化建设带来了挑战。

鉴于此，本书以海洋试点国家实验室作为典型案例，回顾了其从筹建初期、建设中期到规范运行的先行先试过程，分析和梳理了其保密工作管理与运行的有益探索和成功做法，对标国家实验室的战略定位及任务、使命、要求，总结出了国家实验室"高度开放""高度融合""高度敏感""高度分散"的保密工作特点。

一、海洋试点国家实验室体制机制创新点

（一）创新"三会"管理体制，把好发展"方向盘"

建立并完善了理事会管理、学术委员会指导的主任负责制。理事会是决策机构，由国家有关部委、省、市及科研机构代表、特邀专家组成，其中科研人员比例超过50%，进行宏观管理。学术委员会是咨询指导机构，由国内外20余位高层次专家组成，对学科发展方向、重大科研任务进行咨询和指导。主任委员会是执行机构，具体组织科学研究，运营维护科研平台，提供服务保障等。"三会"有机结合、充分互动，呈现由"科研管理"向"创新服务"转变的良好态势，为实验室高速发展做好体制保障。

（二）优化人才分类管理，激活发展"源动力"

打破传统人才管理体制，以"不为所有、但为所用"为原则，探索流动机制，实行分类管理，最大限度激发人才的创新活力。科研人员实行双聘制，人事关系档案保留在原单位，科研成果第一署名单位为原单位，海洋试点国家实验室为第二署名单位，以"能放尽放"的原则赋予科研人员人财物自主支配权。实验技术人员面向社会直接招聘，以服务对象为主体进行绩效评价考核，根据平台运行和实验操作需要，保持相对稳定。管理服务人员实行职员制，按照职业化、专业化的要求全时在实验室工作。实行"鳌山人才计划"，面向全球遴选优秀人才，为实现创新发展提供强大智

力支持。

(三)任务驱动协同攻关,打赢创新"攻坚战"

倡导协同创新,汇聚整合国内外多家优势科研院所、高校和大型央企,目前已建成以功能实验室、联合实验室、开放工作室和海外研究中心为主体的协同创新科研体系,初步形成了"核心+基地+网络"的网络化创新格局。针对科研项目竞争无序、管理烦琐等问题,按照基础研究、前沿技术和产业化等不同目标,自主设立"鳌山科技创新计划重大项目""开放基金""主任基金""问海计划",实行项目分类管理和支持,在海洋科学重大基础理论与关键共性技术研发方面取得了一批重要成果。

(四)科研平台开放共享,筑就事业"压舱石"

针对科技资源配置重复、技术设备和数据共享度低等问题,建设大型公共科研平台,推进开放共享。例如,集合全国几十艘科考船建成深远海科学考察船队;建成海洋创新药物筛选与评价平台,发布全球最大的海洋天然产物三维结构数据库;构建海洋小分子化合物虚拟结构数据库,并及时向全球提供共享服务。

二、海洋试点国家实验室保密管理工作面临的挑战

(一)保密组织架构难适应

海洋试点国家实验室融合了全国各方力量,创新管理决

策模式，但同时带来了领导组织机构偏松散的问题。传统的保密组织架构虽能满足基础的日常保密管理工作的需要，但是与海洋试点国家实验室组织体制不能有机结合，导致保密领导能力弱，难以支撑目前海洋试点国家实验室科技保密管理工作的需要。

（二）定密分寸难把握

海洋试点国家实验室围绕"生物资源""能源矿产""深海与极地极端环境研究""生态"等重大战略任务，聚焦六大研究方向，组建功能实验室、联合实验室、开放工作室等多个创新单元，其战略任务覆盖范围广，研究方向涉及领域全，导致了科研数据庞大且复杂，其密级的确定和定密范围分寸较难掌握，使得在工作中难以明确要求和规范。

（三）"开放"与"保密"难平衡

海洋试点国家实验室坚持实行"开放、流动、合作、共享"的试行原则，采取科考船队、大型地质分析测试仪器共享方式，组建科考船队运行和地质分析测试研究相关的公共科研平台。如何在国家实验室开放共享的体制机制下，做到"涉密信息不上网，上网信息不涉密"，平衡"开放"与"保密"之间的关系，既能够保证科学技术的安全，又能够促进科学技术的交流共享，是目前国家实验室保密管理工作的一大难点。

（四）保密教育难落实

保密教育培训是构筑思想防线的"抓手"，海洋试点国家实验室建立双聘制、合同制相协调的用人机制,科研人员实行双聘制,人事关系、档案等保留在原单位。在海洋试点国家实验室创新的人员管理模式下,传统的保密教育培训模式已经不能够支撑流动科学家的保密教育培训工作。同时,部分科学家面临业务工作与保密工作之间的选择时,往往因保密意识不够牢固、保密知识的缺乏、习惯性行为难改变而发生失泄密事件。目前,就全国海洋领域而言,针对性的保密专业教育资源处于相对紧缺的状态,因此,如何将保密教育培训工作做深做实,是保密工作面临的一大难点。

(五)人员分散难管控

海洋试点国家实验室探索创新人才管理模式,以开放、流动、协同、竞争为原则,采用固定岗位、双聘岗位以及流动岗位模式管理。现行的保密管理体系中的涉密人员管理与现行海洋试点国家实验室人员管理模式存在很多矛盾点,如科研人员的流动性所带来的涉密人员保密教育难落实、保密责任落实情况难监督、思想情况难掌握、保密意识难加强等困难。

(六)外来考察窃密风险难防范

海洋试点国家实验室自试运行以来,在科技部、财政部、国土资源部等国家部委及省(市)党委、政府的大力支持下迅速发展。同时,一些党和国家领导人给予持续关注,近年来多次视察现场。海洋试点国家实验室平均每季度接待各类参观调研100余次、3000余人,其中省部级以上领导视察 7 人次。面对高频次、高级别、全国范围的外来考察活动，如何做好外来人员身份背景的鉴别、会议会务人员的保密审查，以防窃密事件发生，为海洋试点国家实验室的保密工作尤其是要害部门的保密管理工作带来了新的挑战。

三、国家实验室保密管理工作特点

（一）"高度开放"的战略要求带来的科研交流保密难

国家实验室实行科技资源开放共享与合作制度，除涉及国家安全、安全保密、国防等领域的特殊规定外，国家实验室的重大科研基础设施、大型科研仪器等科技资源一律向社会开放。如何划清"密"与"非密"的界限，怎样判别哪些可以开放、哪些应该保密，做到既能保障国际合作交流顺利开展，又能确保科研工作中的国家秘密绝对安全，是当前国家实验室保密工作的一大难点。同时，国家实验室面向全球引进高端人才，汇聚全球科研力量开展重大科研项目、重点科研领域的协同攻关，如何使外籍科研人员既享有充分的科研学术自由，又能坚持"内外有别"，确保国家秘密安全，这是科研人员保密管理的一项难题。

（二）"高度融合"的创新单元带来的协同开展保密难

国家实验室整合优化了我国现有科研力量，聚集了优秀人才团队，在开展科研项目过程中参与单位数量多、涉及科研人员范围广，如何选定参与人员、合理精准分解任务、明确涉密边界、限制国家秘密知悉范围和程度，既能体现保密工作"规范化、精准化"原则，又能确保科研成果与效益"最大化、最优化"，也是国家实验室保密工作的一项难点。此外，在承担涉密科研项目任务时，如何协同开展保密管理工作，将各参与单位保密工作需要与国家实验室"高度融合"，做到"横向到边、纵向到底"，是国家实验室保密管理工作必须研究的特殊难题。

（三）"高度敏感"的科研数据带来的规范精准定密难

国家实验室聚焦国家战略目标和战略需求，针对信息网络、能源、海洋、物质科学等重点领域开展前沿性技术研究，具有覆盖范围广、研究方向多、涉及领域全的特性，使得大数据及海量信息中的高度敏感数据信息分类管理十分困难，并容易出现"少定密""粗定密""难解密"等诸多问题，是国家实验室保密管理中经常遇到的难点问题。

（四）"高度分散"的研究中心带来的数据传输保密难

国家实验室按照"核心＋网络"的模式，与国外研究机构共建海外分中心，其运行机制实行项目共担、成果共享的原则。如何确保科研信息数据在国内外研究中心之间的安全传输及处理，按照"精准化、条目化"原则明确科研信息密点，针对密点对涉密信息进行合理溶解、有效隐藏、精准脱密，使非涉密人员和其他别有用心的人员想不到、看不懂、拿不走，这也给做好科研涉密信息的数据安全传输造成了一定的困难。

第四章
普适性调研情况总结

Chapter 4

第四章 普适性调研情况总结

编者先后学习、参阅保密教育图书共计40余种、330余本,深入学习我国保密相关法律法规,把握保密管理根本原则,理清保密管理与科学研究的关系。在此基础上,充分开展网络调研工作,通过搜集专家论著、参考优秀期刊、检索各类电子资源等方法,围绕国内外保密现状、保密绩效考核、保密监督检查、定密工作、保密组织架构、保密教育培训、涉密科研项目成果管理、宣传报道和对外交流、计算机信息系统安全保密管理等方面,摸清我国新型科研机构保密工作现状和面临的问题,分析把握其保密管理指导思想和工作模式、工作方法和标准规范上的切实需求,研究其亟待建立和完善的工作。

一、国内外保密工作现状

科学技术的创新和发展直接决定着国家的综合国力和核心竞争力。斯诺登事件的爆发、美国对中兴的制裁等各种网络安全事件接踵而至,面对世界各国在科技领域日趋激烈的竞争态势和科技情报窃密的严峻形势,国内外保密工作管理体制和工作机制也在逐步发生变化。

(一)国内保密工作现状

随着中国科技水平的高速发展,中国在国际上的政治影响力不断提高,保密工作作为国家安全的重要组成部分,也面临着前所未有的复杂局面。此外,"新数据""新网络""新系统"的数字化时代已经到来,全球的信息安全形势发生了新的变化,我国整体保密安全形势面临新的威胁。我国当前面临的保密工作形势,呈现出以下几个特点。

1.窃密手段更先进,但防窃密手段滞后

信息化技术的快速发展为计算机信息安全保密工作提出了新的要求。在当今的网络技术应用的过程中,计算机信息的传输工作和保密工作更为复杂,由于工作流程和环节复杂,出现漏洞的机会也随之增大。在外设装备方面,随着移动智能设备的大量应用,智能手机、平板电脑都已经成为犯罪分子盗取计算机信息的重要工具。以智能手机失泄密为例,从网络犯罪的主体来说,偷取计算机信息的犯罪主体正朝着多元化的方向发展,从国内犯罪逐步发展成为国际犯罪，敌对势力的窃密对象更加明确，窃密手段更加先进，高科技窃密无孔不入，伴随着手机等无线通信设施的普及，很多失泄密事件悄然发生。

面对高压态势下的网络攻击等窃密行为，我国防泄密手段、信息安全保密技术发展相对滞后，主要表现为缺乏针对性的网络预防措施及保密技术，这在无形之中增加了计算机应用机构防御措施的费用支出，但是具体的防护效果并没有得到根本上的提高。

2.涉密载体多元化，泄密渠道不断加宽

随着现代科技的飞速发展，新形势下国家秘密保存的形态以及运行方式已经由文档保存、人工管理转变为计算机系统管理的二进制信息，保密管理工作的对象由原来的单一对象变得越来越多元化。

此外，智能化办公时代已经到来，传真机、复印机、微机等现代办公自动化设备的广泛使用，增加了泄密渠道，增大了保密难度。伴随着计算机网络的普及，信息的传递已经由原来的"单向流动，合众传播"逐步转变为"点状流动，分众传播"的模式，这导致泄密渠道不断加宽，信息的可操控性不断降低，失泄密风险大大增加。

3.保密管理范围广，保密工作要求更高

目前，全球化进程不断加快，国家之间的交流更加快捷和直接，保密工作的覆盖范围也从现实物理世界中的政府部门延伸到虚拟数字世界中的电子政府部门。这种管理模式的转变，使国家秘密信息的载体由原来的打字机、电话机等传统设备扩展到了各类计算机及网络设备，存储国家秘密信息的载体由传统的纸质载体扩展到光、电、磁等电子载体，涉密人员的范围也不再局限于原来的文件管理人员，而是相应扩大到涉密计算机信息系统的设计、安装、行政管理等，无论是信息保密还是涉密人员的管理任务都面临严峻的考验。

（二）国外保密工作现状

美国、俄罗斯、日本、英国、德国等发达西方国家已经建立了较完善的保密工作体系，有较为成熟的保密工作经验值得我们学习借鉴，特别是在保密组织机构设置、定密管理、人员教育与管理、科研管理、国际合作等方面。研究并借鉴国外的有益做法，充分吸收世界发达国家的保密工作经验和教训，对我国建立和完善科技保密工作体系，实现科研机构保密工作与科研工作统筹协调发展，具有重要意义。

1.保密组织机构

开展保密工作离不开政府机构的管理活动。为了保密工作的顺利开展，各国都设置了特定的政府机构，并赋予其相应的管理职权。美国信息安全保密组织机构体系完整、职责清晰。按类别可分为综合性机构、网络安全管理机构、保密监管机构及产学研机构；按级别可分为联邦信息安全保密机构和州及地方信息安全保密机构。欧盟委员会专设保密委员会，作为信息保密和安全工作的最高领导机构，总体负责领导欧盟的信息保密和安全工作。俄罗斯的国家秘密保护管理委员会，负责制定和修改国家秘密清单；安全委员会负责国家信息安全保密；俄罗斯科技委员会负责信息安全标准、评估和检验。

2.定密管理

定密是保密工作的基础和前提，各国都非常重视定密工作，均制定了严格的定密措施。美国对原始定密权进行严格控制，采取多重措施防止定密过度，建立定密异议制度，为加强解密工作建立国家解密中心。俄罗斯实行国家秘密信息清单制度，限制最长保密期限，定期修订秘密范围。德国的国家秘密范围以不限制公民的基本权利为前提条件，秘密的范围更小，界定统一。法国实行定期审查解密，并成立国防机密信息咨询委员会提供解密意见。

3.人员教育与管理

保密教育和人才培养是加强保密体系建设的基础和先决条件，保障秘密信息安全，人的因素至关重要，世界各国高度重视信息安全保密教育问题。特别是美国等发达国家，在信息安全教育方面采取了全面系统的措施，正在有效实施和推进其信息安全人才强国战略。对涉密人员的管理是保密管理的核心，国外普遍采用人员安全审查制度管理涉密人员。美国、德国定期对涉密人员进行安全审查，法国涉密人员由内政部和国防部负责审查，英国安全保密审查大致可分为反恐审查、涉密审查、直接人员审查和生活圈审查四个等级。

4.科研管理

在科研成果的发布方面,各国采取了不同的限制措施。研究人员的科研成果主要以学术论文与发明专利的形式来体现。为避免论文的发表或专利的公开泄露有关科技秘密,美国等发达国家形成了一套科研成果的发布控制制度。美国专门制定了《发明保密法》,规定涉及国家安全的专利禁止授权、发布或披露,法国、巴西、英国、德国、印度、墨西哥、罗马尼亚、泰国等国在其专利法中也有相关保密规定。为致力于平衡保密与共享的关系,美国还制定了科技信息分类管理策略,设立了总统科学咨询机制。法国为了保护本国具有先进水平的科研成果,对科研成果输出持保护主义态度,坚持内外有别的原则,并保持在本国外贸权益上的警惕性。

5.国际交流

随着经济全球化的发展,世界各国不可避免地要进行国际合作,在开放的涉外环境中,尤其需要注意信息保密,涉外保密管理是各个国家关注的重点和难点。各国普遍采用了限制接触秘密信息的措施,从源头上阻断信息泄露的风险。美国的主要做法是明确外籍雇员秘密信息接触禁止及例外适用条件。俄罗斯在涉外保密管理方面专门规定了向外国政府提供国家秘密的条件和程序,详细规定了接触国家秘密的许可和禁止情形。法国严格限制秘密信息接触授权的国际间应用。

二、我国保密工作面临的薄弱环节

(一)组织架构

保密组织机构是开展保密工作的组织保障,在党中央的高度重视下,近年来我国保密工作取得了很大成绩,保密组织机构队伍建设也得到明显加强,各大科研院所、高校、军工企业等普遍建立了三层保密组织体系结构,主要包括保密委员会、保密办公室、保密工作小组。但纵览全国范围,保密工作机构队伍力量不足的问题比较突出,主要表现在以下几方面。

1. 保密部门机构设置虚化

许多涉密单位没有成立专门的保密管理部门,也没有配备专职保密干部,保密管理部门一般挂靠在办公室的内设处室,保密管理人员缺少正式任命手续。由于挂靠机构没有正式编制,给干部队伍建设带来了一系列问题,例如保密工作急需的专业人才进不来、留不住,形成不了一支稳定的干部队伍;领导职数配备存在困难,领导班子不完整致使当地的保密工作得不到正常开展;没有专门机构,无法正常获得财政资金支持,使工作局面难以打开,处于疲于应付的状态。

2. 保密机构队伍力量弱化

在信息化网络化条件下,工作任务之艰巨前所未有,而保密机构队伍薄弱,许多涉密单位的保密管理人员大多是兼职,专职保密人员少之又少,致使保密管理连续性不强,基础工作薄弱，工作人员专业水平低，直接影响工作的质量和效率。此外，保密技术防护和检查装备与信息化建设快速发展的要求也不相适应，保密技术服务、科技测评、技术监管等能力和体系尚未健全，难以为信息化条件下的保密工作提供足够的技术支撑和保障。

3.相关部门协同意识淡化

涉密单位有的部门出于自身工作的考虑，忽视了其他相关部门的职能及相互间的交叉等问题，致使出台的法规和规章缺乏纵向的统筹考虑和横向的有效协调，不统一，效率不高，衔接漏洞还可能会被窃密者利用。例如各部门对系统、信息密级的划分标准并没有做到整齐划一，对引进的外国信息软硬件也无本国统一的安检尺度和步骤，测评认证机构过多，检测标准不一，造成产品真伪难辨，质量难以保证。这不仅在一定程度上造成了资源的严重浪费，而且部门间由此产生了更多的职能交叉，协调难度也随之加大，影响了整体的保密工作。

(二)绩效考核

保密绩效考核是以确保不发生失泄密事件和间谍事件为核心目的，运用专业标准和指标，采用科学定性与定量方法，对单位领导与员工的保密工作实绩进行考核和价值判断的过程。保密工作考核评价与单位整体考核奖惩制度或其他管理活动相辅相成。考核指标制定、考核权重、考核程序、考核结果运用等任何一个过程中若存在不准确、不合理环节，都会导致保密工作考核评价不能达到预期目标。结合工作实际，根据现有情况来看，保密绩效考核管理还存在以下短板。

1.保密绩效考核落实不到位

目前大多数单位已经根据相关标准要求，全面建立了保密绩效考核体系，但受到主观因素影响，某些负责绩效考核的部门会评选出个别保密工作表现突出的部门，并尽可能将其他部门的考核结果以"一刀切"的形式向中间等级靠拢。同时存在上级部门和下级部门之间关系密切或有矛盾分歧，出现故意提高或降低考核分数的情况，以致考核结果与实际情况严重不符，而使考核结果失去参考价值。

2.保密绩效考核指标不合理

大多数单位考核指标在设计上存在一定程度的欠缺，只将一两项或孤立的几项指标作为考核指标，没有充分考虑各部门实际业务工作与保密工作的紧密结合点和重点关注项，缺乏考核的公正性和准确性。同时各部门绩效指标权重确定的随意性较大，缺乏科学依据，且变化频繁，难以准确测算，致使部分绩效指标失去了实际考评意义。

3.保密绩效考核过程不严谨

大多数单位目前已经建立了绩效考核办法，明确了考核流程，但具体实施过程中仍缺乏严谨性，大多流于形式。绩效考核往往两三年才组织一次，考核职能部门疏于日常保密绩效考核的监管，使员工在日常科研、生产和管理工作中容易产生麻痹大意的思想，无法实现绩效考核的目的。同时考核职能部门凭主观印象和个人感觉考核打分的情况时有发生，更使绩效考核过程缺乏严谨性。

（三）教育培训

高校、科研院所及军工企业科研生产任务日趋繁重，国家秘密信息网络化趋势明显，泄密渠道增多、风险隐患加大，涉密人员思想多样性、来源复杂性和流动性不断增强，给保密教育培训带来了许多新的问题和挑战。现阶段保密教育培训工作受到了更多重视，涉密人员的保密意识也有了很大程度的提升。但总体来看，保密教育培训工作仍然存在着诸多问题亟待解决。

1.教育培训工作流于形式

当前，部分高校针对师生开展了保密教育宣传工作，例如保密展览宣传、保密讲座等相关活动，取得了一定的教学效果。但综合来看，保密教育工作缺乏针对性，内容较为单一，无法体现出大数据时代高校保密工作的特征，部分高校虽然制定了保密教育工作规章制度，但在实际工作过程中对制度的落实并不到位。教育工作流于形式，影响力不足，导致广大师生的参与积极性不高，保密教育宣传工作也难以取得预期效果。

2.教育培训时间难以保证

军工企业的主业是完成科研生产任务，单位对是否开展保密教育培训没有考核奖励，各单位在时间发生冲突时，往往出现放弃开展保密教育培训的情况。日常工作中经常会出现平时没有安排开展保密教育培训，保密工作抓得紧了，就停产停业开展保密教育培训，或者到年底应付差事，集中两三天开展保密教育培训的情况，这样"填鸭式"的教育培训方式输入内容太多，不利于参训人员理解记忆，更达不到警钟长鸣的效果。

3.教育培训内容质量不高

高校保密教育工作是一项长期性工作，其对教育队伍整体素质要求较高。当前高校保密工作队伍普遍存在任务多、人员少、懂技术管理的综合型人才较为缺乏的现象。许多保密工作人员非专业出身，对保密教育热点问题掌握不足，导致教学内容缺乏深度，教学方法单一。军工企业的保密教育培训大部分由各部门组织开展，但是每个单位的领导或保密员大都不是专职保密工作人员，没有大量的精力去研究保密工作面临的形势、搜集保密警示案例、解读保密法规制度、分析不同岗位面临的保密风险和需要掌握的知识点，保密教育内容陈旧枯燥，形式单一，与单位形势变化和发展情况不相适应。

（四）定密工作

一项科技秘密的产生始于定密。如果定密环节出现问题，将使整个科技保密管理的根基产生动摇。定密不规范，保密管理就会成为无源之水、无本之木。目前，我国科技定密不准的问题日益突出，一些机关、单位定密问题和乱象仍大量存在，总的来说，定密工作主要存在随意定密、定密不当、只定不解等问题。

1.随意定密

随意定密是指不遵循《保密法》的有关规定，不通过定密程序，凭主观判断，确定国家秘密，包括"无密乱定""低密高定""该定不定""高密低定"等乱象。"无密乱定"或"低密高定"即把没有应用价值和保密价值的技术确定为科技秘密，或把实际技术含金量较低的科技秘密定为密级较高的科技秘密。如有的单位、企业为了有意抬高技术身价，把本来不应该定密的技术申报定为科技秘密。这就造成了科技秘密泛滥，严重影响了科技定密的严肃性，增大了管理成本。"该定不定"或"高密低定"往往会导致对科技秘密保护措施的降低，使我国领先科技容易被窃取。如有的单位和企业担心定密后影响技术的使用和转让，把本应定密的技术不作为技术秘密进行申报。

2.定密不当

定密不当是指对某个事项和内容是否应当定密，以及对符合定密规定的某个事项和内容做出不当处理的情况。定密不当不仅占用保密资源，造成保密效能低下，而且会增大保密工作的难度和强度。

定密不当主要包括定密权限不当、定密依据不当、定密程序不当、定密内容不当、定密标志不当、定密监管不当。例如，县级机关单位未经授权擅自对产生的事项进行定密，或者设区的市级机关单位擅自确定绝密级国家秘密,这就属于定密权限不当。对于科研院所而言,造成定密不当的原因之一是保密行政管理部门与业务主管部门之间没有形成合力,不能支撑科研院所机构的定密要求。

3. 只定不解

只定不解是指对产生的国家秘密事项不及时变更或解除密级。只定不解,导致大量无保密意义的涉密载体堆积,使得许多信息资源不能发挥更大作用,造成大量的人力、物力等资源的浪费,不利于包括保密工作在内的各项有关工作的开展。

(五)监督检查

保密管理制度能否得到落实,重点在于监督检查是否严格。目前涉密单位的保密检查普遍存在以下几方面问题。

1. 保密检查认识不到位

个别涉密单位对保密检查工作的重要性、严肃性认识不足,认为设置了保密工作机构,制定了相应的保密制度,就万事大吉。保密自查不能正常开展或流于形式,并且认为保密行政管理部门开展的保密检查是来找麻烦、没事找事,有抵触情绪,甚至以种种借口规避检查。在保密检查中就曾发现,少数单位在接到保密检查通知后,存在重装计算机操作系统或更换计算机硬盘等现象,以此躲避保密技术检查。

2. 保密检查措施不科学

个别涉密单位监督检查形式、内容较为单一,对于不同监督检查对象的特质细分不足，检查重点不鲜明，导致检查费时费力，违规处置不易判决。此外，由于保密监督检查设计缺陷，也连带影响了检查反馈和责任追究，并进而导致保密监督检查的威慑力降低，难以发挥出应有的效力。

此外，绝大部分单位未配备保密技术检查工具，发现问题、处置问题的能力比较弱，涉密人员的一些违规行为未能得到有效纠正。如某市除各级保密行政管理部门外，只有公安、法院、检察院等少数单位配备了保密技术检查工具。

3. 违规惩处工作不落实

对涉密人员违反保密管理规定的行为，一些机关单位护短遮丑心理作祟，对存在的问题是能抹则抹、能藏则藏，将违规违法问题大事化小、小事化了，对相关涉密人员不敢处理、不愿处理，一定程度上助长了违规泄密歪风，影响了保密检查的实际效果。对检查发现的问题隐患，军工涉密资质单位保密工作机构均会依据单位相关《保密工作考核处罚细则》对具体责任人和相关责任人进行保密处罚。但在一些整改通知书中，虽然对检查发现的问题隐患进行了罗列，并要求责任部门限期进行整改，但对如何整改未明确说明。问题责任部门接到整改通知书后，由于缺乏相应的保密知识技能，无法完全掌握有效整改的具体要求和方法，因此无法真正开展整改工作。

（六）项目管理

经过各地区、各部门的共同努力，保密科研取得了较大进步，不少科研成果在实际工作中发挥了重要作用。但总体上看，保密科技底子薄、能力弱的问题仍然突出，缺核心技术、缺可靠工具、缺管用产品，一些问题亟待解决。结合涉密科研项目保密管理方面的工作实际，主要存在如下问题。

1. 科研人员不重视保密工作

绝大多数科研人员只管搞科研、搞成果，对科研项目的保密管理缺乏足够的认识，主要表现为科研项目管理过程中技术资料遗失，学术交流和对外合作中未采取有效措施而导致泄密、侵权等。对科研成果没能引起足够的重视与保护，把报奖、写文章、定职称放在了第一位，忽略了科研成果的经济效益转化和成果保密工作。科研人员缺乏相应的保密素养，对密与非密的界限把握不准，未能准确知晓科研生产中产生信息的密级，这样就很容易发生科研人员有意或者无意地泄密事件。

2. 项目管理与保密管理脱节

一些涉密科研项目下达渠道多、研制周期长、参研单位及人员覆盖面广，难以准确界定保密责任主体，从而导致保密责任复杂，保密管理工作职责混乱，项目管理与保密管理存在不同程度的脱节。在定密方面，定密流程未与项目研发紧密结合，一些单位往往只进行总体定密，对项目的分系统或产品没有进一步的规范和要求。在密品管理方面，部分单位只是将涉密项目的整机实物确定为密品，没有按照最小化原则确定密品，导致安全保密措施得不到有效落实。

3.项目成果管理机制不健全

科技保密审查是一项专业性很强的系统性工作，由于科研成果涉及领域广、专业多、内容性质各异且类型复杂，没有专门的管理机构、专业的保密审查人员和规范的管理制度将难以准确把关。由于科研管理部门工作任务繁多，缺乏法律和经营管理兼备的复合型科技成果管理人员，科技成果管理往往局限在科技成果申报层面，对科技成果技术保护和转化运用缺乏统筹考虑，对科技成果实施、运用和产业化的管理水平较低，导致该公开的没有公开、该保密的没有保住，最终也容易导致泄密事件的发生。

后 记

本书在成书过程中得到了国家保密局相关业务部门和中国保密协会领导的关心，得到了海洋试点国家实验室、中国海洋大学领导的大力支持。房子琪、罗祥裕、宋成洋、吴昊、张洪珲、孙阳、刘文惠、赵娅琴、李韵、刘质浩、徐惠媛、由开敏等提供了积极帮助。在本书出版之际，十分感谢所有关心支持和提供帮助的领导、专家和同仁！

由于水平有限，书中如有不足之处，敬请指正。

曲 丹

2020年11月